小神童·科普世界系列

揭秘发明

刘宝恒◎编著

浙江摄影出版社
全国百佳图书出版单位

发明改变世界

从古至今，人类为了让生活变得更美好，做出了无数的发明创造。尤其到了 19 世纪初，人类进入蒸汽时代后，无数的科技发明像雨后春笋一样涌现，迅速推动着人类走向更先进的电气时代、信息时代。

美国发明家贝尔发明的电话，让远隔千里的人们也能听到彼此的声音。

英国科学家法拉第制造出人类第一个发电机，被称为“电学之父”。

美国发明家爱迪生发明了钨丝电灯泡，为黑夜带来珍贵的光明。

德国发明家维尔纳·冯·西门子制造了有轨电车和无轨电车，真是令人惊叹不已。

在电气时代，人们还发明了强大的内燃机。德国发明家卡尔·本茨就利用内燃机，造出了世界上第一辆三轮汽车。

蒸汽机的发明

蒸汽真厉害！利用它能让各种机器运转起来。神奇的蒸汽机，推动了工业革命的进程。

英国工程师托马斯·塞维利曾经发明过一款效率很低的初代蒸汽机。

后来，英国发明家瓦特对初代蒸汽机进行改良，提高了它的效率。

1801 年，英国工程师理查德发明了世界上第一台在普通道路上行驶的蒸汽汽车，但因为频频出事故，最终没能得以推广应用。

1814 年，英国发明家史蒂芬森利用蒸汽机提供的动力，成功研制出世界上第一辆在轨道上安全运行的蒸汽机车。

蒸汽机车的速度远远超越了曾经的马车，能更快速地把人和货物运向远方。因为速度快、容量大、节省人力，蒸汽机车很快就成了运货的首选工具，从而为全世界带来了一场“运输革命”。

交通工具的发明

汽车在陆地上奔驰，飞机在蓝天中翱翔。交通工具的发明大大拓展了人类的活动空间。

第二次工业革命时期，出现了一种新的动力机械——内燃机。

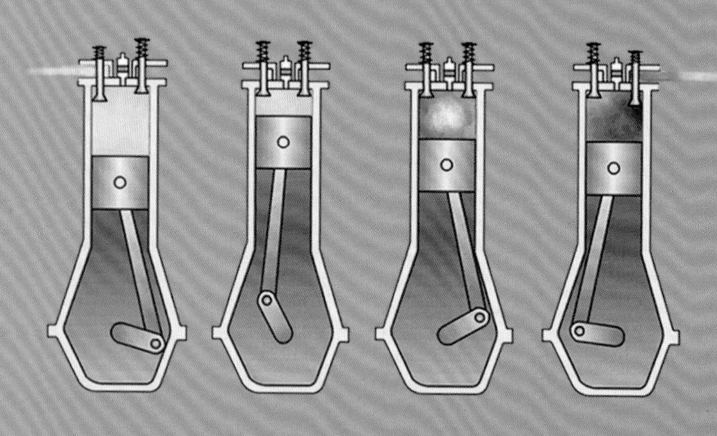

燃料在内燃机中剧烈地燃烧，燃烧产生的热能驱动着车辆前进。

1885 年，德国工程师戈特利布·戴姆勒利用内燃机，发明了世界上最早的内燃机摩托车，也就是现代摩托车的前身。

自古以来，人类就有飞上天空的梦想，飞机的出现让这个梦得以实现。

美国的莱特兄弟从小就痴迷于飞行，长大后他们一起研制出了以发动机为动力装置的滑翔机。

1903 年，莱特兄弟进行了历史上第一次动力飞行。虽然这次飞行的时间只有十几秒，距离只有短短几十米，但意义非凡！

1909 年，英国伦敦开始量产公交车， 这种红色敞篷双层公交很快成为当时人们出行的主要工具。汽车让人们的出行变得便利，大大地扩展了出行的范围。

照明工具的发明

在 19 世纪之前，人们照明普遍使用的是火把、蜡烛或煤油灯之类的工具。电灯的发明，让漆黑的夜晚有了光明。

电厂燃烧煤，加热水泵中的水。

19世纪初，英国人汉弗莱·戴维用电池和碳棒制作了第一盏电灯。这盏灯虽然很明亮，但是照明持续的时间很短。

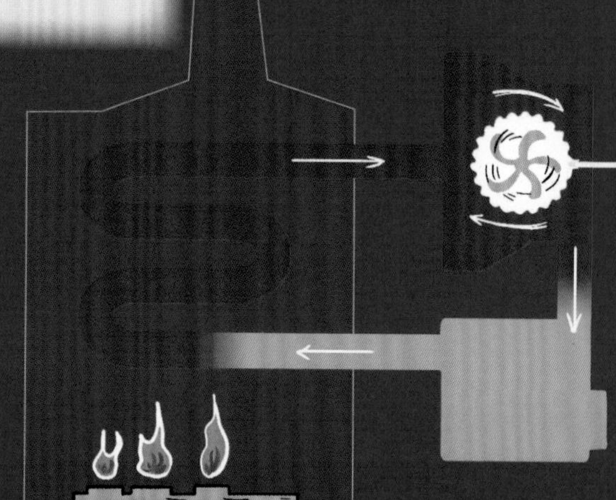

水蒸气带动涡轮转动形成动能。

美国的发明家爱迪生经过上千次的实验，终于找到了能够让电灯照明持续时间变长的碳化竹纤维。
爱迪生发明的灯泡，由于要抽掉玻璃灯壳里的空气，灯泡的顶上会产生凸起。
5.
当电流通过，变得炽热的灯丝就会发光。
4.
电流通过导线进入灯丝。
为了推广电灯泡，爱迪生还建了不少发电站呢！
3.
动能转化为电能，产生电流。
9

通信工具的发明

电的发现，让人们想到用电来传递消息，以便与远隔千里的亲人联系，或者在紧急情况下及时应对。在诞生之初，通信工具是什么样子的呢？

1839 年，美国人莫尔斯制造出一台电报机，并且发明了一种只用点、横线和空白来表达英文字母的方式，这就是著名的“莫尔斯电码”。

但是，人们并不满足于用电报来传递文字和信号，还想直接传递语音。1876 年，美国发明家贝尔发明了电话。电话的发明带来了通信的革命，它让人们的联系方便起来。

贝尔发明的电话有一个神奇的杠杆，拉动它就可以呼叫其他人。而且，电话的接收器既是输出的话筒，也是输入的耳机。电话能够把声音转换成电信号，然后再转回声音信号。

电话的发明解决了人类通信的大难题，此后人们又开始思考，怎样可以改进电话以便随身携带， 于是人们开始研究无线电话。

手机的发明摆脱了电话线的限制，将人类带入无线通信时期。

20 世纪 70 年代，最早的民用手机诞生了！当时的手机大概有砖头那么大。

手机之所以能够无线通话，是因为它运用了无线电。手机让人们摆脱麻烦的电线，能随时随地进行通信。自此之后，手机的发展越来越快。现在人们普遍使用的是智能手机，手机功能也发展得越来越丰富。

传媒工具的发明

人们的生活因为传媒工具的产生而变得不一样。让我们来看看那些传媒界的传奇吧！

印刷术是中国古代的四大发明之一。后来，印刷机的发明大大地提高了人们印刷文字的效率。它让珍贵的书籍得以传到更多人的手中，引发了阅读革命。

报纸是大众传播的重要载体。世界上第一张日报诞生于 1605 年的德国。印刷技术的进步让报纸的数量越来越多，看报纸的人也越来越多。

20 世纪 20 年代，又一大传媒工具——广播诞生啦！

广播利用声音作为媒介进行传播，传播的速度可快啦！

电视机的发明把世界各地的精彩影像聚集到一个“魔术箱”里。电视机上的图像可以动起来，生动又直观。电视除了是传媒的主力军，也是人们娱乐休闲的主要工具。

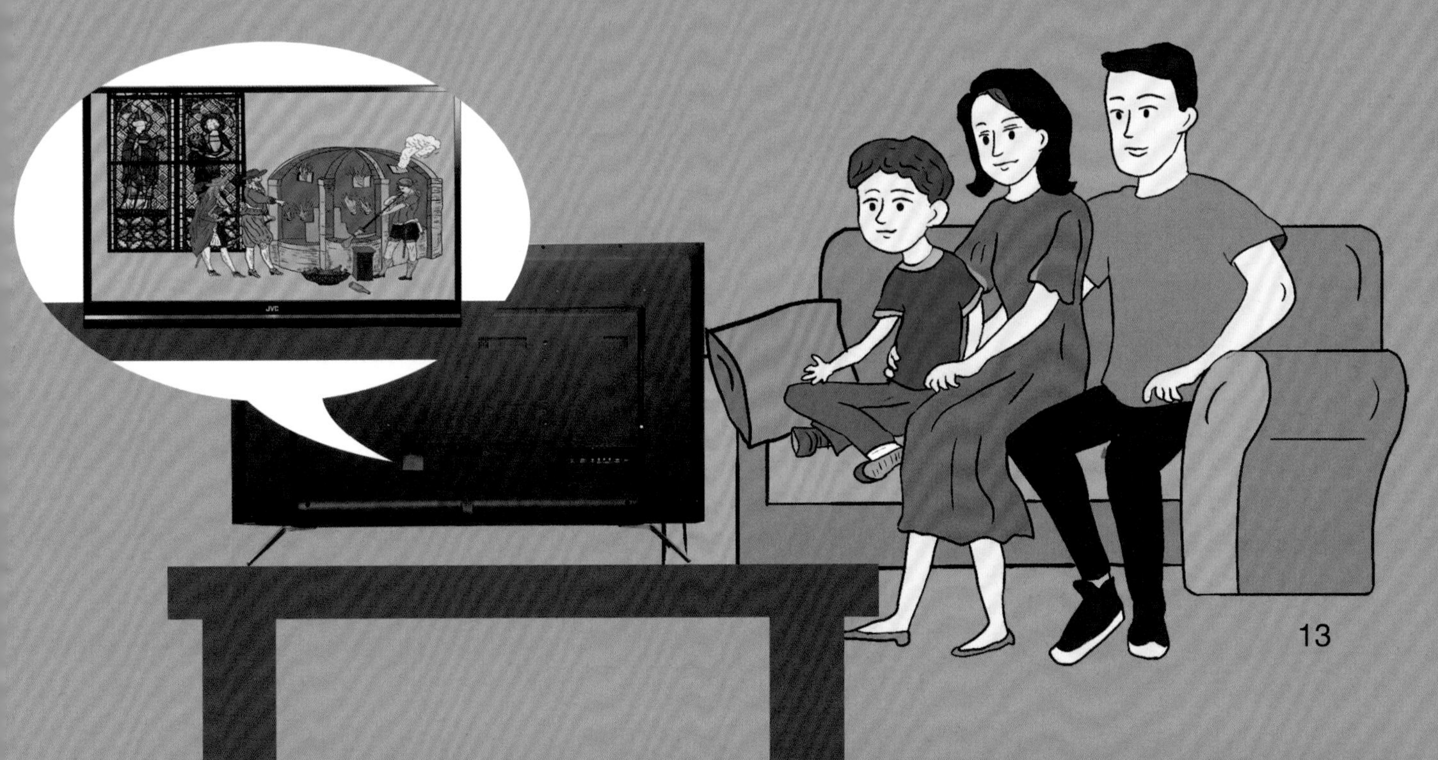

计算机和互联网的发明

进入信息时代，计算机和互联网逐步进入人们的生活，改变了世界！

19 世纪 20—30 年代，英国人查尔斯·巴贝奇发明了三台能进行数学运算的机器。他把这些机器称为“发动机”。

当时，给“发动机”设计了操作程序的女数学家阿达·洛夫莱斯，成为第一个计算机程序员。

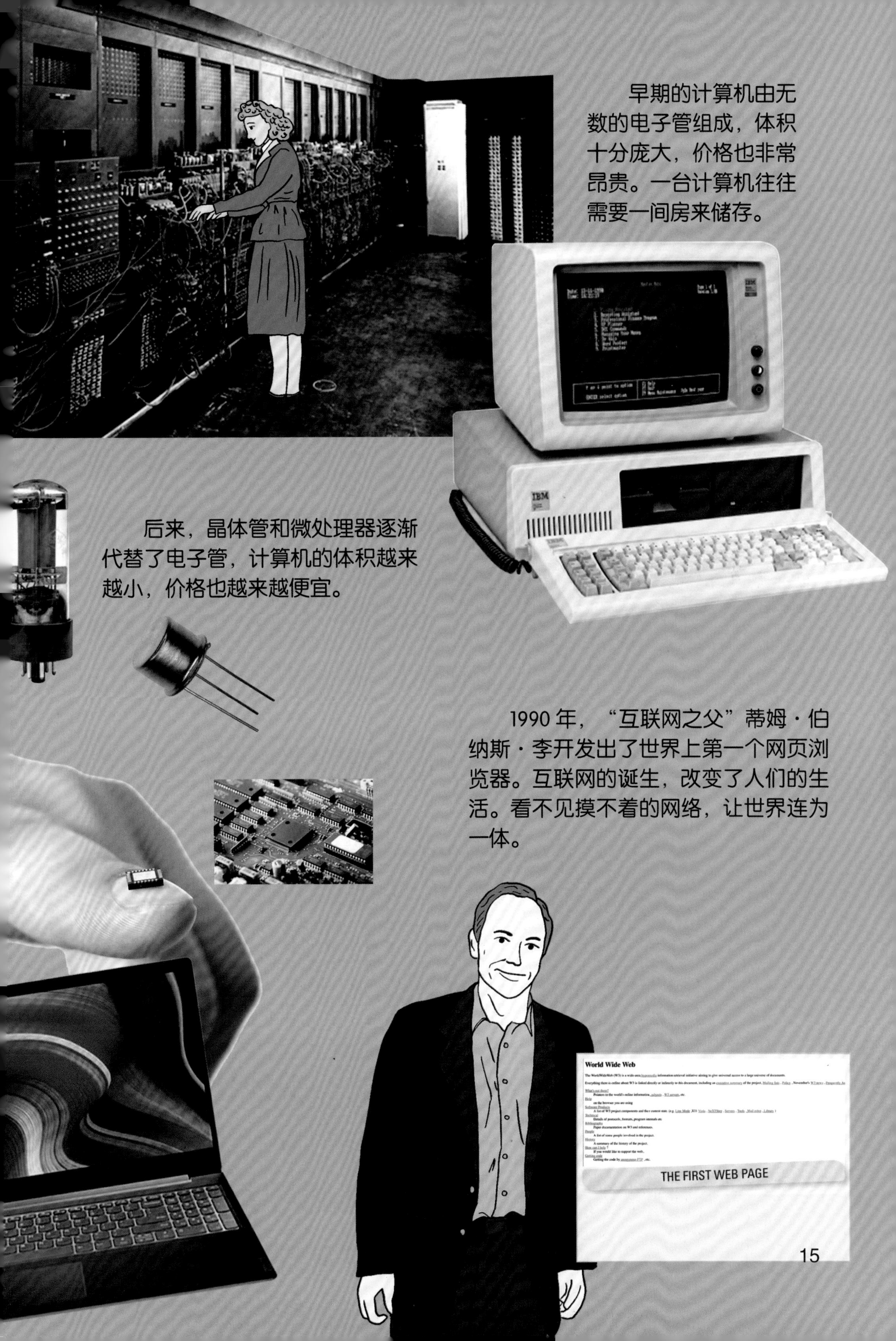

早期的计算机由无数的电子管组成，体积十分庞大，价格也非常昂贵。一台计算机往往需要一间房来储存。

后来，晶体管和微处理器逐渐代替了电子管，计算机的体积越来越小，价格也越来越便宜。

1990 年，“互联网之父”蒂姆·伯纳斯·李开发出了世界上第一个网页浏览器。互联网的诞生，改变了人们的生活。看不见摸不着的网络，让世界连为一体。

家用电器的发明

进入电气时代，人们发明了许多家用电器，它们能更高效地帮人们做各种家务。

最初的洗衣机是手动的，只能帮人们节省一些力气。到了 20 世纪初，电动洗衣机才跟人们见面。

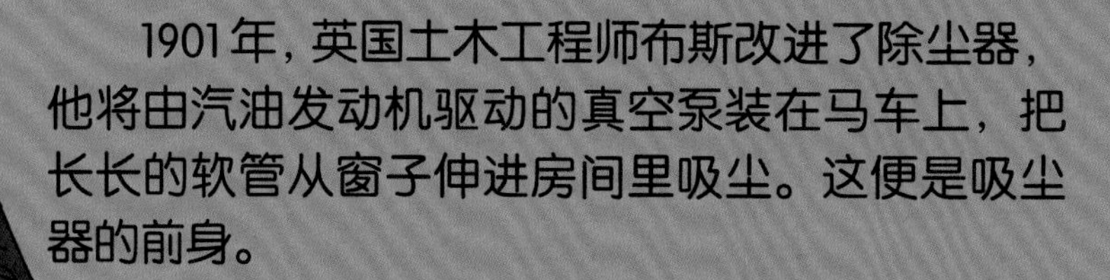

1901 年，英国土木工程师布斯改进了除尘器，他将由汽油发动机驱动的真空泵装在马车上，把长长的软管从窗子伸进房间里吸尘。这便是吸尘器的前身。

为了防止仆人打翻瓷器，美国社交名媛约瑟芬·科克伦于 1886 年发明了用蒸汽驱动的洗碗机。有了洗碗机，清洗餐具省时又省力，大大地帮人们减少了烦琐的手工劳动。

微波炉的发明使得人们可以非常方便地加热食物。

现在的扫地机器人可以在房间内自动完成地板的清扫工作。

医学的发明

在医学领域，人们也发明了许多新事物，创造了不少医学奇迹。

公元 2 世纪，中国医学家华佗发明了“麻沸散”，这是世界上最早发明和使用的麻醉剂。

1846 年，美国牙医威廉·默顿有了一个大发现——化学品乙醚可以让病人失去知觉。

1929 年，英国细菌学家弗莱明偶然发现了抗生素——青霉素。

第二次世界大战期间，弗莱明和另外两位科学家——弗洛里、钱恩，成功提取出青霉素，制成了药品。抗生素可以杀灭病菌，阻断疾病的传播，挽救了许多人的生命。

1816 年，法国医生勒内·雷奈克发明了世界上第一个听诊器。通过听诊器，医生可以听到患者的心跳和呼吸，帮助判断病情。

隐形眼镜的发明，让人们摆脱了眼镜框的束缚。

早期的助听器就像一个大漏斗，现代的助听器很小，可以塞进耳朵里。助听器是听障者的好帮手，可以帮听障者把原本几乎听不见的声音放大。

建筑材料的发明

在建筑时需要用到许多材料。这些材料是如何发明的？又有哪些神奇之处呢？

世界上最早的玻璃制造者为古埃及人。公元前 1000 多年，古埃及人就掌握了玻璃吹制的工艺，能制造出各种有美感的玻璃制品。

将碳酸钠、沙子等物质混合在一起加热，可以制造出玻璃。古罗马人利用吹制玻璃的技术和高温烧炉， 制造出透明玻璃，并首先应用在了门窗上。

1913 年，英国人哈利·布里尔利发明了可以抗腐蚀的不锈钢。

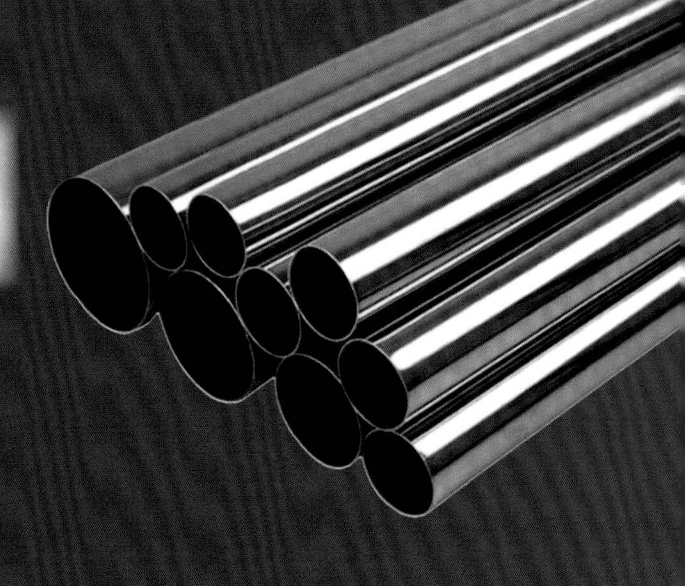

很久以前，建筑用的黏合剂大多是天然矿物，直到 1824 年英国建筑工人约瑟夫·阿斯普丁发明了水泥，这才发生改变。

人类很早就从陨石上发现了铁元素。

水泥是怎么制成的呢？它是以石灰石和黏土为原料，按一定比例混合烧制而成的。用水泥砌的墙和铺的路，既坚固又耐磨。

钢不是天然材料，它是由铁和其他元素混合加工而成的合成材料。

优质的矿石原料经过筛选粉碎、高压成型、高温烧制，可制成琉璃瓦。富丽堂皇的琉璃瓦，是中国传统的建筑材料。

办公用品的发明

在人们的书桌和办公桌上，常常会摆放实用的办公用品。关于办公用品的发明，有哪些有趣的事呢？

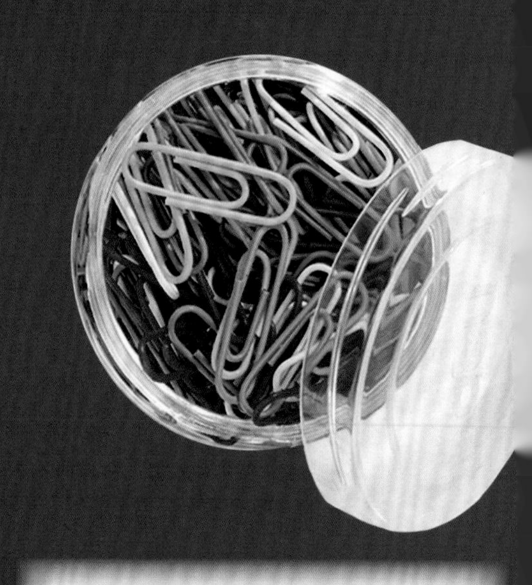

算盘是中国古代计算工具领域的一项厉害的发明。

挪威人约翰·瓦勒发明了回形针，这对整理文件有很大的帮助。

最初的可编程式计算器，又大又笨重，运算速度也慢。后来，方便携带、运算速度快的电子计算器被发明出来，并被广泛应用。

刚开始，铅笔是“石墨棒”，容易折断和弄脏手指。后来，人们制作出铅笔芯和铅笔杆，还在一端安上橡皮擦，就成为今天小朋友们常用的铅笔。

便利贴可以贴在许多物体的表面，当它撕下来的时候，又不留痕迹，深受人们的喜爱，真是个实用的小发明！

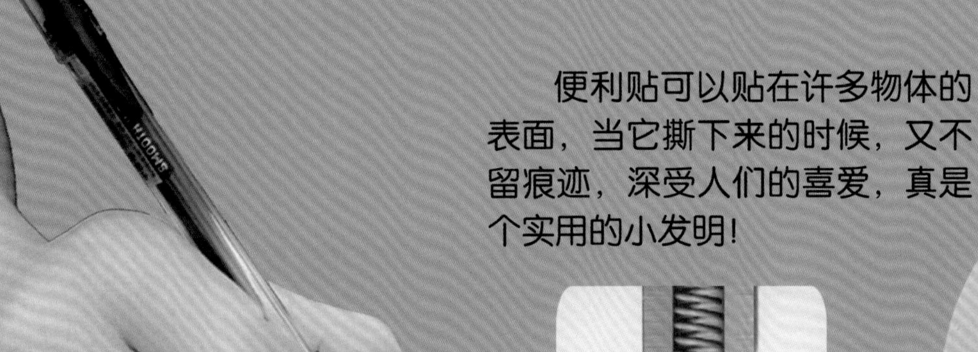

19 世纪 80 年代，美国人约翰·劳德发明了第一支圆珠笔。不过，那时圆珠笔还没有被人们广泛使用。后来，一位匈牙利的记者对最初的圆珠笔做了改进，在笔尖安装了一个可以旋转的金属球。这种圆珠笔使用效果好，受到人们的欢迎！

1928 年，美国人理查·德鲁发明了透明胶带。在当时，很多人用它来修补衣物或固定破损的工具。

服饰的发明

随着生产力的发展，人们的服饰也走向了多样化，变得更加美观！

黄帝的妻子嫘祖还发明了饲蚕和丝纺，大大丰富了制衣的材料。

早在远古时期，古代中国人就懂得用麻布来做衣服。

19 世纪后期，为了适应高强度的劳动，人们需要一种耐磨的新工作服。在这样的背景下，“牛仔裤”应运而生。

牛仔裤也被称为“坚固呢裤”，它是由一种名叫丹宁的纤维制作而成。牛仔裤采用的靛蓝染料比较耐脏。牛仔裤自诞生起就受到了无数人的喜爱，且经久不衰。

尼龙搭扣由尼龙钩带和尼龙绒带两部分组成，就像带钩子的天鹅绒。据说它是科学家受到苍耳子纤维的启发而发明的。

橡胶底运动鞋有着比一般鞋子更厚的鞋底，透气的轻质帆布鞋面，可调节松紧的鞋带，穿上这种运动鞋走路，舒服又大方，而且声响很小。它最早被当作网球鞋使用，后来越来越受到广大运动员和体育爱好者的喜爱。

后来，人们在橡胶底运动鞋的基础上，发明了可以保护脚踝的高帮鞋。

拉链是依靠连续排列的链牙使物品分离或结合的连接件。据说，是一个叫贾德森的美国人觉得给靴子扣纽扣太麻烦而发明了拉链。

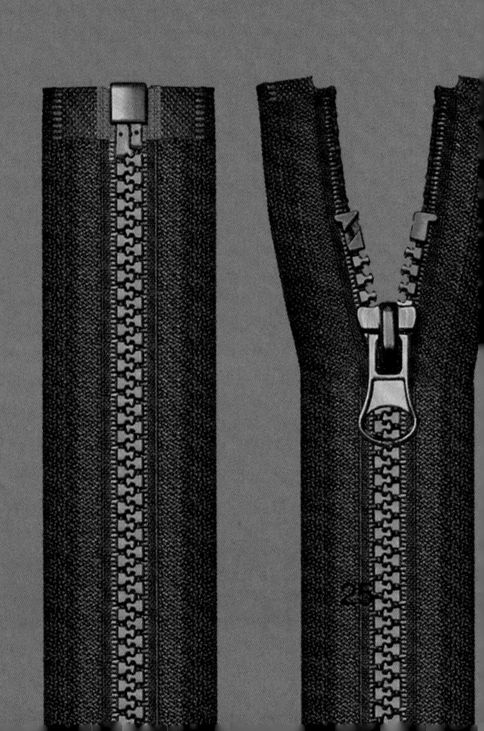

乐器的发明

世界上有各种各样的乐器。乐器能够演奏出优美的旋律，让我们的世界更加动听！美妙的乐器是怎么被发明出来的呢？快来了解一下吧。

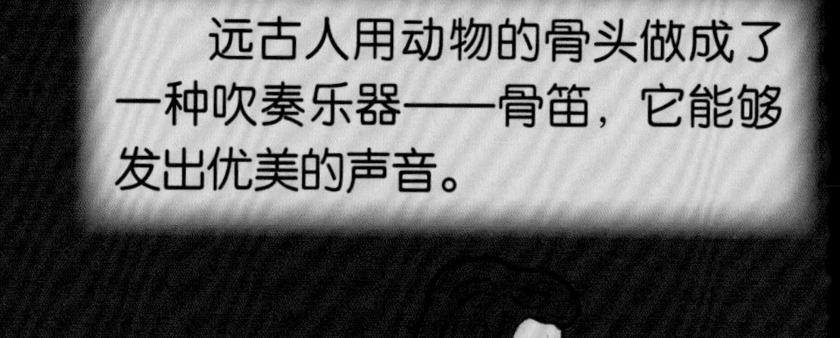

远古人用动物的骨头做成了一种吹奏乐器——骨笛，它能够发出优美的声音。

竖琴是一种古老的乐器，它外形精致，音色清澄，余韵悠长。1810 年，法国的钢琴制造家埃拉尔发明了现代的竖琴。

相传，在 15 世纪初，第一把小提琴诞生于意大利北部。小提琴音色悠扬，表现力十足。从 16 世纪开始，意大利的小提琴制造业迅速发展。

1709 年，意大利人巴托罗密欧·克里斯多佛利发明了钢琴。钢琴的音色清脆悦耳，被誉为“乐器之王”。

鼓是最为常见的打击乐器，通过手或鼓槌的敲击发出声音。传说，中国的古人将兽皮做成鼓面，发明了最早的鼓。

埙是中国最古老的乐器之一。原始社会的祖先在劳动中发明了埙。通过吹奏，埙能发出幽深、悲切的音色。

大提琴的发明时间比小提琴要晚。它由“低音维奥尔琴”演变而来，出现于 16 世纪末。大提琴比小提琴大得多，音色浑厚深沉，有“音乐贵妇”之称。

责任编辑　瞿昌林
责任校对　王君美
责任印制　汪立峰

项目策划　北视国

图书在版编目（CIP）数据

揭秘发明 / 刘宝恒编著. -- 杭州 : 浙江摄影出版社, 2022.7
（小神童·科普世界系列）
ISBN 978-7-5514-4003-5

I. ①揭… II. ①刘… III. ①创造发明—儿童读物 IV. ①N19-49

中国版本图书馆 CIP 数据核字（2022）第 105015 号

JIEMI FAMING

揭秘发明

（小神童·科普世界系列）

刘宝恒　编著

全国百佳图书出版单位
浙江摄影出版社出版发行
地址：杭州市体育场路 347 号
邮编：310006
电话：0571-85151082
网址：www.photo.zjcb.com
制版：北京北视国文化传媒有限公司
印刷：唐山富达印务有限公司
开本：889mm×1194mm　1/16
印张：2
2022 年 7 月第 1 版　　2022 年 7 月第 1 次印刷
ISBN 978-7-5514-4003-5
定价：39.80 元